生命中关于金钱的事

黄也·著

台海出版社

图书在版编目（CIP）数据

生命中关于金钱的事 / 黄也著. -- 北京 : 台海出版社, 2025. 6. -- ISBN 978-7-5168-4246-1

Ⅰ. TS976.15-49

中国国家版本馆CIP数据核字第2025YL5201号

生命中关于金钱的事

著　　者：黄　也

责任编辑：徐　玥

封面设计：言　成

出版发行：台海出版社

地　　址：北京市东城区景山东街20号　　邮政编码：100009

电　　话：010-64041652（发行，邮购）

传　　真：010-84045799（总编室）

网　　址：www.taimeng.org.cn/thcbs/default.htm

E-mail：thcbs@126.com

经　　销：全国各地新华书店

印　　刷：大厂回族自治县彩虹印刷有限公司

本书如有破损、缺页、装订错误，请与本社联系调换

开　　本：670毫米 × 950毫米　　1/16

字　　数：85千字　　印　　张：10

版　　次：2025年6月第1版　　印　　次：2025年8月第1次印刷

书　　号：ISBN 978-7-5168-4246-1

定　　价：49.80元

前言

在童年播种下财富的种子

在孩子的成长旅程中，智商、情商与财商犹如三驾马车，共同驱动着他们驶向美好的未来。智商开启智慧之门，情商搭建人际之桥，而财商则为孩子铺就独立与自由的财富之路。

财商，即一个人对财富的认识、创造与管理的能力。在当今社会，我们的生活时时刻刻都离不开钱，与金钱打交道的能力在一定程度上决定了一个人的幸福指数。让孩子从小树立正确的财商观念，学会合理地创造、管理和运用财富，对他们的未来至关重要。

然而，许多家长在孩子的财商教育上常常感到困惑。他们会烦恼几岁开始给孩子零花钱最好，给多少合适，孩子的零花钱又该如何使用。有些家长辛勤工作维持家庭，省吃俭用，孩子却对金钱管理能力欠缺，无法理智消费；还有些生活富足的家庭，孩子花钱毫无节制，想要什么就必须马上满足。这本《生命中关于金钱的事》便是为助力孩子的财商培养而精心创作的。

研究表明，儿童从 3 岁起便逐渐形成金钱观。本书的诞生，正是为了帮助孩子趣味学习财富管理的智慧，从小培养“认识钱、会花钱、能存钱、懂赚钱、有规划”的能力，让金钱成为实现梦想的工具，而非束缚人心灵的枷锁。

本书从孩子熟悉的生活场景以及孩子心中有疑惑的问题出发，向他们普及初级经济学和金融知识，以及如何运用这些知识更好地生活，让孩子在轻松愉快的氛围中懂得财富需要用正确的态度去对待。

希望这本《生命中关于金钱的事》能成为开启孩子财商的金钥匙，帮助孩子在成长过程中对金钱建立正面积极的认识，知道金钱是靠劳动付出得到的。让他们在未来能够灵活运用自己的财富，不被金钱和眼前利益所限制，在任何困境中都能保持从容和自信，为实现自己的人生理想奠定坚实的基础。

愿每一个孩子都能在财商的滋养下茁壮成长，拥有一个美好的未来！

目录

第1节

钱是什么？

我们每天都在用钱，但小朋友们知道钱是什么吗？是一张张印刷好的纸币？还是手机余额中的那个数字呢？钱和货币是一回事吗？

钱的定义

我们每天都要用钱，但小朋友们知道钱是什么吗?

在我们的日常语境下，钱和货币是一个意思。就像温度计是度量温度的工具、钟表是度量时间的工具一样，**钱是度量商品价值和劳动价值的工具。**

钱的第一种功能：价值尺度	钱的第二种功能：交换媒介	钱的第三种功能：储备和转移
我们说某一物品“值钱”或“不值钱”，就是在用货币衡量价值。通过价格，人们可以比较直观地判断自己所需商品或服务的价值。	钱的存在简化了交易过程，避免了物物交换的复杂情况。	人们可以通过存钱来积累财富，并在未来使用。钱的储备功能可以帮助人们抵挡风险与不确定性。此外，钱还可以作为财富传承的方式，使财富代代相传。

中国法定发行的货币是人民币，包含纸币和硬币。今天常见的手机支付虽然不直接用纸币，但仍然是一种纸币的电子表现形式，只是更加方便。在我们国家，法律规定**不得拒收人民币纸币或硬币。**

为了维护人民币的法定地位，国家法律还规定：不准发行变相货币、不得伪造变造货币、禁止故意损毁人民币、加强对残缺人民币的兑换及销毁管理。

我知道怎么做

钱是我们生活中必不可少的东西，但很多小朋友并不了解钱的全部意义。除了三大功能以外，钱还有五种特性：

1 可分割性

钱可以细分为大小面值，方便我们支付，其他商品难以等量分割。

2 便携性

钱的便携意味着更容易跨越距离，人们可以把价值打包成一个小重量。

3 耐用性

钱不易腐烂、生锈或破裂，这使它比其他商品更具耐用性。

4 可验证性

钱通常会有公认的验证方法，交易双方可以检验钱的真伪。

5 稀缺性

稀缺性意味着货币供应一般不会快速变化，因为供应快速增大的话会让现有货币贬值。

这五种特性叠加在一起，让金钱成了社会中“最畅销的商品”。只要有了金钱，我们就可以兑换想要的商品或服务。

第2节

钱是什么时候出现的？

我们都知道今天钱的样子，那小朋友们知道钱是什么时候出现的吗？历史上不同时期的钱都长什么样子呢？

钱的历史

原始社会末期——以物换物

在远古时代，也就是原始社会后期，人们拥有的物品种类越来越多，就开始用手中剩余的东西和别人交换自己没有的东西。这个时期是没有钱的，是物品与物品相互交换。

夏商周时期——海贝

随着时代发展，人类生产的物品越来越多，物品的价值也越来越混乱，需要一个度量物品价值的统一尺度。夏商周时期，人们用贝壳去换取物品。**流通较广的古代实物货币为海贝。**海贝可作颈饰，便于携带与计数，因此在长期商品交换中被选为主要货币。

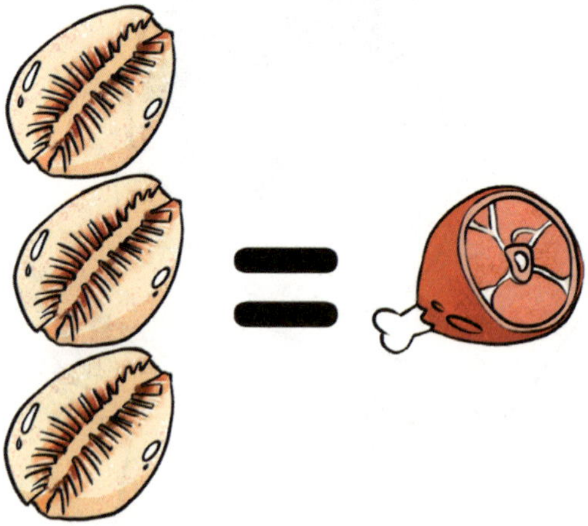

商周时期——人工仿贝货币、金属铸贝货币

随着交易量和交易范围的不断扩大，远离大海的北方，海贝开始供不应求。人们只能想办法用其他材料仿制贝币。正赶上冶铜技术大提升，出现了用铜制造的仿铜币，也是**人类历史上最早使用的金属货币。**

东周及秦朝——金铜货币

春秋战国时期，冶炼金属的技术提高了。这时期诸侯国的货币都不统一，每个国家都有自己的货币。秦统一六国后，秦始皇统一度量衡，同时也统一了货币，规定以黄金为上币，以圆形方孔铜钱为下币。

秦朝方孔圆钱是世界上最早由政府法定的货币。

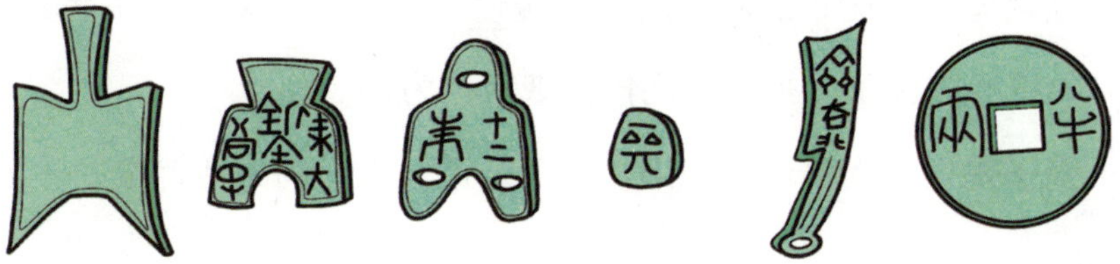

晋国布币　魏国布币　赵国布币　楚国布币　齐国布币　秦国半两钱

汉武帝时期——五铢钱

汉武帝时期，废除秦半两，改铸五铢钱。铢是重量单位，1 两 =24 铢，秦半两 =12 铢。五铢钱大小轻重更适宜，制作精美，一直用到唐朝初期，**是中国历史上最长寿的货币。**

唐朝时期——开元通宝钱

唐朝建立后，开始铸造开元通宝钱，取代五铢钱。以后各朝代都用通宝，只是把“开元”二字换成当时的年号。**元宝钱体系一共延续了1300年左右。**

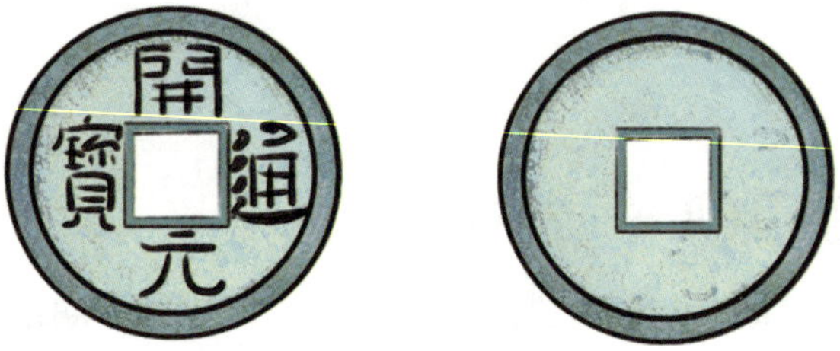

宋元时期——交子

随着商品经济的发展，贵金属作为货币的劣势也开始显现，比如大额远距离交易比较困难，所以就慢慢有纸币。北宋的纸币是交子；南宋的纸币叫会子、关子；元代的纸币称为钞。

交子是世界上最早的纸币。有了纸币，人们的生活就方便多了。

明清时期——银锭和铜钱

明朝时人们主要用白银、黄金和铜钱来购买物品，一般交易大数用银，小数用钱，白银和铜钱组成了货币主体。近代的银圆也属于贵金属货币。到了今天，法定的人民币中仍然有一些小面额的金属硬币。

清朝后期——银圆和铜板

中国最早的机制洋式银圆为光绪年间的“光绪元宝”，俗称“龙洋”，因银圆背面一般铸有龙纹而得名。同时出现机制铜币，又称

“铜板”。

中华民国——法币

国民政府发行的货币，从 1935 年用到 1948 年。

中华人民共和国——人民币

1948 年中国人民银行发行了人民币，人民币是我们国家的法定货币，一直到现在都在使用。

我知道怎么做

小朋友们知道吗？货币是一个国家的名片，也是一个时代的标志。它作为一个国家和民族文化的象征符号，影响力堪比国旗、国歌、文化遗迹、公共建筑等。

货币与我们的生活关系更是非常密切，我们年龄虽小，也需要一点一滴地学习，养成正确的财务意识。不光如此，随着我们年纪的增长还要学会理财，学会如何分配、管理手中的钱，学会做预算，把有限的钱用到最需要、效用最大的地方。

第3节

我们可以自己制作和印刷“钱”吗?

哦！原来钱是这样发展来的。那我们可以自己制作和印刷“钱”吗？

人民币的诞生

我国有专门的印钞厂印制人民币。

新印制的人民币整版有报纸一般大小，上面共有几十张人民币，下一道工序就是将人民币一张一张裁切出来。

人民币印好后还需进行质检，质检员在专业灯光下一张一张地检查人民币的质量，如果有不符合质量要求的就剔除掉。

我知道怎么做

人们在日常交易过程中会遇到假币，这时我们要提高警惕性和增强辨别假币的能力。

商场、超市的收银台都有验钞机，收银员把收取的纸币放入验钞机中就可以检查纸币的真伪。

当不小心收到假币时，我们不可以再继续使用，要把它上交到银行去。

我们要爱护纸币还有硬币，不可以在上面乱涂乱画，不可以撕纸币、毁坏硬币。

第 4 节

钱是从哪里来的？

我们的衣食住行都需要钱，花钱买东西是理所应当的事情。但小朋友们可曾想过，我们的钱是从哪里来的？钱是用之不竭的吗？

赚钱的渠道

小朋友们平时用的钱都是来自爸爸妈妈，那你们知道爸爸妈妈的钱又是从何而来吗?

人们赚钱的渠道概括起来主要有两种：劳动所得和非劳动所得。

一、劳动所得

劳动所得指的是用自己的劳动力创造价值，再获取相应的报酬。劳动可以是体力劳动，也可以是脑力劳动。比如工人务工、农民种田，以及职员去办公室上班都属于劳动所得。

同样是劳动所得，为什么有人收入高，而有人收入低呢？

这是因为劳动的本质是用时间和能力换取报酬，而每个人的能力高低不同。所以我们要做的就是，学习知识提升能力，随着自身的价值不断提高，相应地，收入也可以不断增多。

二、非劳动所得

非劳动所得也可以称为资本所得，指资本所有人运用资本项目所取得的所得。资本可以是货币资本、实物资本、土地资本等，比如银行存款的利息、房租收入、炒股收入都属于非劳动收入。

社会上还有一种个别现象，有的人既非依靠劳动，也不投入资本，而是通过违反法律和公序良俗而获取收益。比如偷盗、漏税、贪污受贿、敲诈勒索等一切违法获益都属非法所得。一些人可以利用非法所得在短期内获利，但最终会受到法律的严惩。

我们要杜绝非法所得。

我知道怎么做

钱是爸爸妈妈辛勤工作赚来的，他们从事着老师、医生、警察、清洁工等职业，辛苦工作，付出劳动，为社会创造价值，同时得到报酬。知道了赚钱不易，我们要珍惜节省，也要体谅爸爸妈妈的不易。生活中，我们要养成爱惜钱的好习惯。

1. 对自己的资金做好规划。学会有效地分配自己在各方面的使用资金，理性消费，不需要的东西不买。

2. 了解商品的价格，学会对比价格，买物美价廉的商品。

3. 养成储蓄的习惯，可以让爸爸妈妈给孩子开一个银行账户，将孩子的红包、奖励等收入存入账户，或者准备一个存钱罐，把零钱攒下来。

4. 准备一个记账本，了解钱的去向，减少无用的开支。

第 5 节

中国钱和外国钱有什么关系？

我们出国旅游时，都要提前换一些目的地国家的货币。比如去美国要用美元，去日本要用日元，去泰国要用泰铢，小朋友们知道为什么每个国家都要有自己的货币吗？人民币和外国的钱有什么关系吗？

汇率的知识

汇率就是以一种货币表示另一种货币的价格，是两种货币的交换比例。打个比方，来自英国的游客到我们中国旅游，如果他直接拿着英镑在国内商店消费，很多店家都不收。这时候他就需要将英镑兑换成人民币才能消费。

在兑换过程中，英镑和人民币的价格比例就是汇率。

每个国家之间的货币不同，但财富是相同的。比如在英国苹果是 1 英镑 / 千克，在我国是 10 元 / 千克。因此，1 英镑 =10 元人民币。

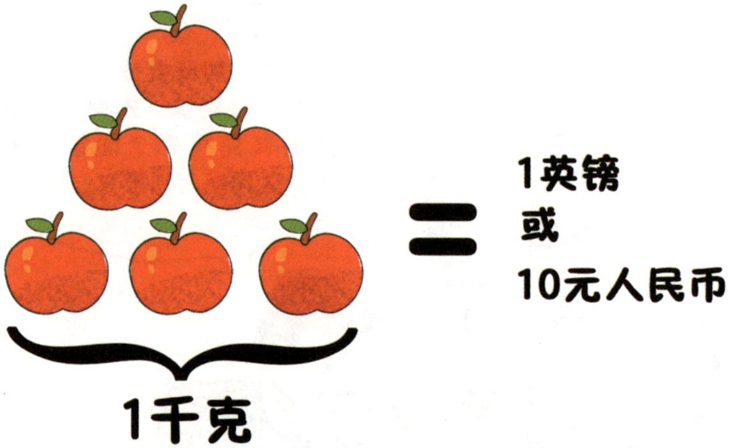

1 英镑 =10 元人民币

1 ∶ 10

这个比例就是汇率。

各国货币之所以可以进行对比，能够形成相互之间的比价关系，原因在于它们都代表着一定的价值，这是汇率的决定基础。

我知道怎么做

当一个国家国内物价上涨时，同样数量的货币购买的商品比涨价前少，这就是货币内部贬值。货币的内部贬值迟早要体现在汇率上，即等量货币兑换外币的金额相对减少，表现为以本国货币表示的外汇汇率上升，即货币的外部贬值。

当面临货币贬值时，我们该怎么做呢？我们要培养理财意识、学习理财技能、选择正确的投资标的，才能更好地应对货币贬值，还要不断学习、不断积累知识和实际技能，从而让自己变得更加值钱。所以，我们从现在开始就要好好学习，未来才能有更好的职业发展。

第 6 节

每个国家的钱都长得一样吗？

你一定知道我们中国的人民币长什么样子了吧。可是你知道吗？世界上有许多不同的国家，每个国家使用的货币都不一样。

不同的国家，货币也不同

就像每个国家使用不同的语言一样，每个国家使用的钱币也是不同的。不仅每种钱币上的图案不同，就连钱币的名称也不同。钱币上面会画着那个国家引以为豪的人物、独特的建筑或动物等。

不同国家的货币叫法不一样（以下例举常见国家的货币）：

名称	代码	使用国家	面额
英镑	GBP	英国	50 英镑、20 英镑、10 英镑、5 英镑、1 便士
美元	USD	美国、巴拿马、帕劳等	1 美元、2 美元、5 美元、10 美元、20 美元、50 美元、100 美元
韩元	KRW	韩国	1000 韩元、5000 韩元、10000 韩元、50000 韩元
欧元	EUR	德国、法国、意大利等	5 欧元、10 欧元、20 欧元、50 欧元、100 欧元、200 欧元、500 欧元
新加坡元	SGD	新加坡、文莱	2 元、5 元、10 元、50 元、100 元、1000 元、10000 元
日元	JPY	日本	1000 日元、2000 日元、5000 日元、10000 日元
泰铢	THB	泰国	20 铢、50 铢、100 铢、500 铢、1000 铢
加拿大元	CAD	加拿大	5 元、10 元、20 元、50 元、100 元

长得不一样，购买力也不一样。

同等面额的纸币，它们的购买力可是千差万别的。以比萨为例，如果一家餐厅的一份比萨价格为 3 美元，而在中国，同种比萨需要 20 元人民币，那么美元的购买力就相当于人民币的 6 倍。从这个例子来看，美元的购买力似乎更大。

我知道怎么做

人民币是我们国家的法定货币，每个人都有正当地获取和使用的权利，同时也有爱护的责任和义务。

从小养成爱护人民币的习惯。这不仅是对人民币的尊重，也是对国家法律的尊重，更是一种爱国行为的具体体现。

把钱理平整，整齐地放进小钱包，这样在用钱时也不容易出错。不能随意把钱放进衣服口袋里，更不要经常把钱拿在手上玩。

不得故意毁损人民币，对于破旧的人民币，不能再继续使用，应及时到金融机构兑换。

第7节

钞票印得越多，就越有钱吗？

钱是印出来的，要是多印些钱发给大家，大家就都变得有钱了，何必要那么辛苦地工作？

为什么会形成通货膨胀？

钱之所以值钱，是因为钱能换来商品或服务。换言之，钱的价值来自商品或服务，而加印钞票，看起来钱是多了，但是商品或服务并没有增加，它增加的仅仅是现存商品或服务的价格，货币也就跟着贬值，即“通货膨胀”。这就是我们通常所说的“钱不值钱”了。

如果钱印少了，则会形成通货紧缩，影响商业经济的活力，阻碍国家经济的发展。

我知道怎么做

通货膨胀就像一个隐形的魔法师，悄悄地改变了我们手中的钱的价值。那么，我们该如何应对这个魔法师呢?

1 学会理财

理财并不仅仅是把钱存入银行，更是要学会规划我们的支出和储蓄。我们可以制定一个每周或每月的预算，明确生活的必需品和非必需品，避免不必要的浪费。

2 降低生活成本

这并不是要我们变得吝啬，而是要我们学会寻找性价比更高的商品或服务。

3 通过增加收入来源来应对通货膨胀

我们长大参加工作后，可以利用业余时间做一些兼职工作，还可以通过学习新技能或者提高自己的教育水平来增加自己的价值。

第 8 节

钱是怎么流通的？

我们都知道，钱是用来购买商品或服务的。人们一直在源源不断地购买消费，那纸币生产出来后，是怎样流通到我们手里的呢？

钱的流通

印厂印出来的纸币，并不能直接买东西，只有在上交央行后，它们才能被发行，真正成为“纸币”。纸币被印钞厂生产出来之后，就送到了央行的金库里。那么这些印好的钱给谁呢？这笔钱不能“送”给“任何人”，只能用于“等价交换”。央行主要通过买入外汇和债券，让这些钱流入商业银行。

央行就是中国人民银行，它跟外交部、财政部、公安部一样，都是国务院的一个部门。我们常见的工行、农行、建行、中行——这些都是“商业银行”。商业银行再进一步让钱流入企业、政府或个人。

这些来自印钞厂的纸币，经央行之手，通过遍布全国的商业银行，发散式地向整个社会流动。它们在一双双具体的手与手之间流转。

我知道怎么做

钱只有循环交叉流通，才能让财富平均分配，让每个人都赚钱。在经济学中简单来理解就是：**钱来自需求，来自交易，来自市场，来自流通。**有需求才会有买卖，有买卖交易就能产生利润。

上班赚的钱是把工作时间卖给了老板，律师赚的钱是把专业知识、经验卖给了客户，理发师赚的钱是把服务技能卖给了顾客。无论是生活用品还是服务技能等需求类产品，只要有人有需求，就会有交易，有交易就会产生利润。

所以，我们现在付出时间，好好学习知识和技能，使未来获得更好的发展机会，这就是人生投资的一种表现。

第9节

银行是怎么来的?

我们经常看到街面有银行，存取钱也都在银行，也会陪父母去银行办理各种业务，那你知道银行是从何起源的吗？银行有什么作用吗？

为什么要叫“银行”呢？

为什么不叫金行、钱行呢？

其实，这也是有历史因素的。元朝时期，人们就把白银作为主要的货币。而且，“行”字，也比“店”“庄”这些字，更显得正规。所以，“银行”这个词就出现了。

银行有什么作用呢？

首先，我们可以把钱存到银行，既保证钱的安全，银行还会给一些利息作为回报。

其次，银行不光能存钱，同时还能把我们存到里面的钱，借给更需要它的人，收取比存钱更高的利息，从而在其中获利。

比如：张老板想开一家饭馆，但是他求助身边亲戚朋友后，还是没有筹到足够的钱。这个时候他就可以找银行借钱。

银行会考察张老板的能力、信用等，然后根据实际情况考虑后，可能会同意把钱借给张老板。

同时，这个钱不能白借，张老板还要额外支付一些利息给银行。

最终，张老板获得了银行的借款，饭馆也顺利地开起来了。

我知道怎么做

当知道银行的储蓄作用后，我们平时也要养成储蓄的好习惯。

方法一：准备一个存钱罐

有了存钱罐以后，就会有意识地节省零花钱，把它存入自己喜欢的存钱罐里，从而达到有效储蓄的目的。

方法二：开个独立的银行账号

当存钱罐里的钱越来越多时，就可以让爸爸妈妈陪着到银行开一个属于自己的银行账户，把存钱罐里的钱都存到银行里，还能赚取利息。

第10节

每个人都赚钱，钱从哪里来？

我们常说，在现金流的游戏中，个个是赢家，人人都赚钱。这到底是怎么做到的？大家都赚钱了，那么钱来自哪里？

金钱如何通过流通产生价值？

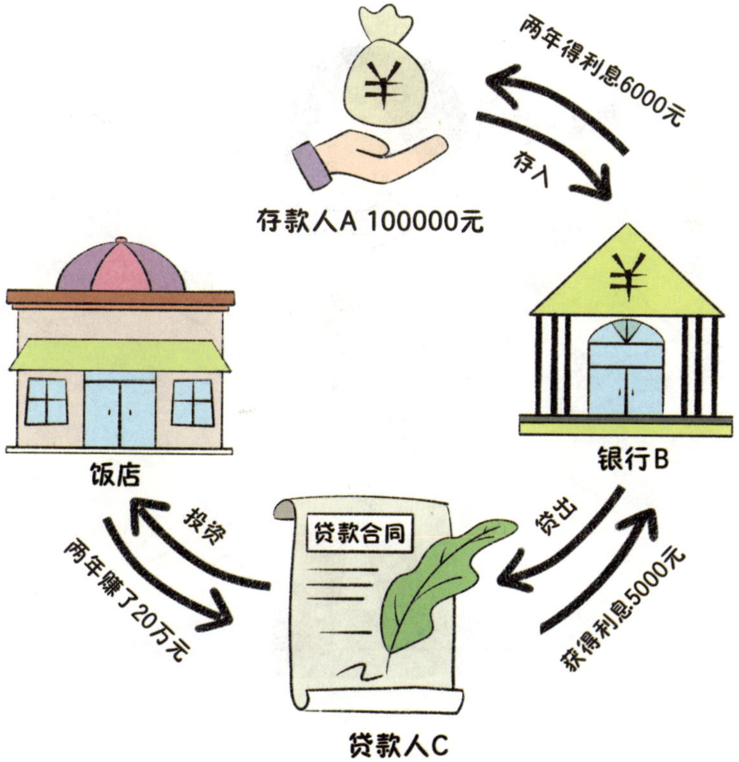

钱只有在流通中才会产生增值

如果每个人都把钱放在家里不去流通，大家的钱都不会增多，反而会随着通货膨胀逐渐贬值。

在现金流转的过程中，大家都有赚钱的需求，只要满足了顾客的需求，就会形成交易买卖，有交易买卖就会推动金钱的持续流转，人们赚钱的需求旺盛，就会持续地带动资金流的供给。每个人的资金都在循环买卖交易中流通了起来，在此过程中钱的价值被放大了，最后让每个人的财富都增加了。

我知道怎么做

如何避免成为一个失败的投资者？货币是商品交换的媒介，具有最高的流通性，也只有在流通中才产生价值。你需要打造一个能健康流通、稳定可靠的现金流。有了现金流，就等于让钱主动替你工作，在循环流通中体现它的价值。

不能迅速变现的投资品，都不是优质的投资品。一旦市场出现异常，你的投资品就会砸在自己手里。

手里必须有大量的现金可以让你用。一个稳定可靠的现金流来源，才能保证手里时刻都有钱。这样才能做好投资。

钱是越多越好吗？当然不是，这个要看你是否能够驾驭。你能够轻松稳定赚的钱，才是最好的钱。但是如果你可以掌控的钱，超出了你自己的控制范围，钱就变成了麻烦。因此钱不是越多越好，而是稳定可控最好。

第11节

钱怎么不知不觉就花没了？

生活中小朋友们经常有一种困惑：钱不知不觉就花光了。

过度消费

我们平时会过度消费，主要是出于以下因素：

缺乏理财意识：消费时总是凭个人喜好决定，不会对支出进行详细的记录和规划。

比较心理：别人有的，自己也不甘落后；别人没有的，自己更要与众不同。我们买了新的鞋子、衣服，总希望向他人展示，这种心理催生了大量不必要的消费。

冲动消费：我们的很多消费是出自一时冲动，并不是真有此需求。尤其是在“直播带货”大火的今天，很多人都会因为一时冲动而出现情绪性消费。

过度消费不只是让人“钱没了”这么简单，更会让人形成不好的消费观念，导致奢侈浪费的不良习惯，让人变得更加虚荣。

我知道怎么做

过度消费打破了“量入为出”的传统消费观，多数属于非刚性消费，追求的也不是物品的实用功能。我们要对这种行为有预防措施：

1. 记账法

每笔支出看似不多，但积累起来就会让我们瞠目结舌。所以为了提醒自己不过度消费，记账是一个很好的办法。

2. 杜绝情绪性消费

不开心的时候就想暴饮暴食，疯狂买买买，这种靠转移注意力来解决问题的方法，不仅治标不治本，还可能会把你推入更糟糕的处境！

3. 自我暗示法

短视频时代，我们会更容易对一些小东西“上头”，看着屏幕中那些画面，觉得自己只要能拥有一个xx，幸福指数就会直线上升。但大多数并非我们的实际需求。不必要的商品会剥夺我们的时间、金钱和精力。所以我们需要清醒一些，对它们说“不”。

第12节

想买喜欢的东西，钱不够怎么办？

我们在生活中，经常会遇到这样的状况：想要的东西很多，钱却总是不够买。你遇到过这样的问题吗？该怎么解决这个问题呢？

想买的东西很多，手里的钱却很少

其实不光是小朋友，大人也会遇到同样的问题，他们是怎么解决的呢？

透支购买：大人可以用透支未来金钱的方法来购买商品，比如刷信用卡、银行贷款等。通常大人透支购买是因为商品的金额较大或自己急需，比如汽车、住房。**透支购买的前提是购买人有稳定的收入和还款能力。**

延迟购买：对于喜欢又不急需的商品，大人也可以选择延迟购买。

团购：很多商品在特定的日期会有优惠活动，大人有时会通过团购活动来降低购买成本。

购买二手产品：相对于价格高昂的新品来说，便宜的二手商品也是个不错的选择。由于很多二手商品缺乏质保，需要消费者自行把控商品质量。

我知道怎么做

任何人都有购物的需求，小朋友也不例外。但无论大人小孩，总有难以满足的欲望。我们不能把一切欲望都视作错误，也不能对一切欲望都放任自流。所以我们要树立正确的消费观。

1. 合理规划自己手中的钱，满足正常的欲望，又不挥霍无度。

2. 将能够提升自己的消费设为最优先级，比如书籍类消费。

3. 了解劳动与金钱的关系，知道钱来之不易，学会珍惜金钱。

4. 参与“家庭收支规划”，当家庭的书记员，把每个月家里的收入和支出都记下来，明白合理消费和储蓄的意义。

5. 罗列清单，并按照清单购物。我们要明白：商场里的东西有的是，但只买我们需要的。

第13节

怎样正确看待零花钱？

爸爸妈妈、爷爷奶奶经常会给我们零花钱，有的孩子的零花钱甚至还是不小的数字。身边有的孩子花钱大手大脚，瞒着家长充游戏币，无节制购买零食、玩具等，这些消费习惯都是不对的，我们要从小养成合理支配零花钱的习惯。

如何正确对待零花钱？

小朋友的零花钱可能不多，但对待零花钱的态度却可能影响我们一生的金钱观，影响我们对金钱的认知、计划以及掌控。

知道钱的来源

获得金钱需要劳动付出，家庭的收入都是得来不易的，是父母的辛劳换来的，我们要懂得珍惜。

参与家庭开支

我们要知道家庭的经济状况，也要参与一些简单的家庭开销，如买菜、交电费等，在日常生活中懂得把钱花在“刀刃”上。

设定自己的存钱目标

不要有钱就想要花掉，要有存钱的意识。比如说，暑假结束前想要一个望远镜，或是明年结束前想要一辆自行车等。这样的练习，能够让自己有个明确的存钱目标。

君子爱财，取之有道

任何时候，获取钱财的方式都不能违背原则。我们必须靠自己的双手，用自己的辛勤劳动获取财富，而不能试图通过做一些不遵守法纪、不符合道德伦理的事获取。

我知道怎么做

对于零花钱的使用，我们要分清什么是需要的，什么是不需要的。平时要自主思考如何合理地花钱、存钱。这样有助于我们在实践中学习管理钱财的技巧，也有助于我们学会做选择、做计划、为自己想要的东西耐心地等待。

如：在零花钱少于想要买的东西的价格时，可以将想买的东西列出优先次序，这样可以让我们学会如何取舍，了解并不是想要的东西都可以立马得到。

第14节

父母的钱就是我的钱吗？

父母的钱是父母的，不是我们的。我们现在还小，父母为我们花钱，等我们长大后，便要自己赚钱了。

爸爸妈妈，我们家有钱吗？

你的爸爸妈妈是怎么回答你的？

第一种：我们家没有什么钱，所以你要省着点花。

第二种：我们家有钱，你想花就花，而且这些钱将来都是你的。

第三种：我们家有点钱，但这些钱是爸爸妈妈的，可以为你花，也舍得为你花，但这些钱并不属于你。我们家的钱是爸爸妈妈努力工作得来的，将来你也可以通过你的勤劳和智慧去获得属于自己的钱。

第三种回答显然更高明，因为父母与孩子之间，建立起一定金钱的界限，是必要的。

无论爸爸妈妈有没有钱，有多少钱，那都是父母的劳动所得，父母当然有义务抚养孩子，因为爱，父母愿意为孩子付出一切，但这不意味着家里的钱就是孩子的，因为这些钱并不是孩子挣来的。

我知道怎么做

要想长大后拥有强大的赚钱能力，现在就需要培养独立的自主性。

一、提高自己的独立意识和自尊心，为自己的生活负责。比如洗衣服、打扫卫生等力所能及的事情尽量自己做，养成独立的好习惯之后，遇事才能独立思考，独自想办法解决问题。

二、学习更多的技能，有意识地培养自己掌握一些技能，各个方面都可以，这有助于我们独立成长。

三、不畏挫折。勇于面对挫折，从挫折中学到经验和道理，明白责任的重要性。

第15节

控制不住消费欲怎么办？

你是不是看到喜欢的东西就想买买买？是不是别人有的东西你也要拥有？不停地购物、消费、买买买，有可能是你真的喜欢这些东西，但也有可能，这种行为背后隐藏着一些重要的、你未曾意识到的信息。

控制不住消费欲的心理原因

过分焦虑心理

人在感到无助、有压力，或是被情绪淹没时，会产生巨大的焦虑，进而启动特定的自我调节机制，来保持一种控制感和情绪的稳定感。“买”就是一种自我调节机制，买东西时，大脑会分泌多巴胺，我们会产生强烈的愉悦感、兴奋感和满足感，从而起到调节自我、释放压力、缓解焦虑的作用。

盲目消费心理

看到别人买什么自己也要买什么，手里有多少钱就要花多少钱，这种消费心理会导致人们在一些不必要的地方浪费金钱，真正需要花钱的地方反而得不到资金的补充，不值得提倡。

虚荣心理和攀比心理

虚荣心理和攀比心理会引发虚荣消费和攀比消费，具体表现为对商品的品牌追求和时尚追求。对有这些心理的人来说，购买到的商品不仅仅具有使用价值，更重要的是借助商品的品牌展示自己的财富与地位，满足自己的虚荣心。这种消费心理表现出了“别人有我也要”，而且“我要更好”的心态。这样会极大地加重家庭的负担，对个人健康心理的养成也有不利影响。

我知道怎么做

一、制订明确的购物计划

制订购物计划是克制购物欲望的重要一步。在购物前，可以列出我们真正需要的物品清单，并设定一个合理的预算。这样不仅可以减少冲动购物的可能性，也可以提醒我们要理性思考，避免受到促销和折扣的诱惑。

二、寻找替代消费的方式

购物欲望往往与情绪相关，我们可以尝试找到其他的替代方式来满足自己的情感需求，而不是通过购物来填补空虚或寻求安慰。

三、深入思考购买的真正动机，理性消费

很多时候我们并不是因为真正需要某种物品，而是受到外界的诱惑或者心理需求的驱使。通过反思购买的原因和目的，意识到消费应该满足我们的实际需要，而不是为了追求过度的物质享受。

第 16 节

妈妈不给买就是小气吗？

当你看到喜欢的东西而妈妈不给买的时候，会不会认为妈妈很小气？会不会觉得妈妈不爱你了？

家庭的收入并非全为己用

钱不是取之不尽、用之不竭的，它是一种稀缺资源，买了这个，可能就买不了那个。每个家庭的收入也都是有限的，爸爸妈妈赚来的钱，是要用在全家的开支上，而非只供某一个人消费的。

每个家庭每个月都有固定的开支，比如房贷、车贷、生活用品等。作为家庭的一员，我们要努力为家庭节省开支，减轻父母的负担。

当我们知道爸爸妈妈的工资收入、每个月家里的支出情况后就会明白，爸爸妈妈持家并不轻松，他们没有全部满足孩子的要求，不是因为吝啬、不爱孩子，而是家庭情况不允许。我们应该更加理解父母的考量和难处、体贴父母、感恩父母为家庭的付出，而不是与他人进行攀比。

我知道怎么做

怎么才能避免攀比心理呢?

1 克制自己的虚荣心，发现自己的长处，多锻炼，多读书，提升、丰富自己的见识，增加自我底蕴，让自己更加自信。

2 正确地认识自己，比如家境确实不比别人好，但是我们要坚信自己能在其他方面超过别人，不会同他人攀比物质方面的东西。

3 开阔视野，不要总是把注意力放在自己和周围的几个人身上，要拓宽格局，不做井底之蛙，知道自己真正想要的是什么，努力去追求更多的美好。

4 远离喜欢攀比物质的人。攀比是相互的，我们需要远离物质攀比的圈子，去寻找志同道合的人共同进步。

第17节

喜欢的东西妈妈为什么不给我买？

小朋友们恐怕都有过这样的经历，遇到自己喜欢的东西想买，却被妈妈无情拒绝。那妈妈为什么要拒绝呢？

节俭，让我们学会合理控制消费欲

节俭是一种美德，更是一种良好的财富观念，但凡在创造财富的过程中获得较大成功的人，无不将节俭作为自己财富计划中最重要的内容之一。

一个有很强赚钱能力的人，如果不会节俭，总是无节制地花钱，肆意浪费，那么即使拥有金山银山，他最终也有可能将其挥霍一空。

如果我们从小不懂得节俭，时常乱花钱、随意浪费，做不到合理消费，长大后，便不会树立正确的理财观，当我们独立生活时，很可能会陷入严重的经济困境。

我知道怎么做

我们知道钱是爸爸妈妈辛苦工作赚来的，便要珍惜每一分钱。在这里我给小朋友分享一下节俭的小技巧：

1．从小体验“当家”的难处

人们常说“不当家不知柴米油盐贵”，这句话对孩子也适用。我们可以试着体验“当家”的职责，体验“当家”理财的难处。比如，对某一天或某一星期家里的收支状况做预算，并亲自记账、盘点财物等，慢慢体会节俭对于家庭生活的重要意义。

2．进行储蓄习惯的培养

节俭不分大小多少，哪怕一分钱也不应该被浪费。在平时生活中进行储蓄，不该花的钱不花，并从自己的零花钱中节省出一部分不必要的开支。

3．学会货比三家

了解商品的价格，学会对比价格，买物美价廉的商品。

第 18 节

出门不带钱也能买东西吗？

现在很多人出门已经不带现金了，扫码、刷脸，或是用智能手表轻轻碰一下付款机，就可以完成一笔消费。

五花八门的支付方式，你知道几种？

现金支付：最传统、最直接的交易方式，无须任何技术。**现金交易在我国是受法律保护的，任何商家不得拒收人民币。**不过现金支付也有弊端，比如携带不便，容易丢失等。

银行卡支付：银行卡分为借记卡和信用卡。消费的时候，我们只需把银行卡在商家的 POS 机上轻轻一刷，就能完成交易。这种方式安全快捷，不过需要我们携带银行卡，且商家持有 POS 机。

移动支付：随着智能手机的普及，移动支付已经成为主流。我们可以用手机通过第三方机构进行支付，例如支付宝、微信支付、银联商务等。我们将银行卡与这些第三方机构绑定，消费时便可享受移动支付带来的便捷了。

我知道怎么做

在移动支付的时代，我们接触现金的机会越来越少，对钱更是缺乏概念。这会造成我们对价格高低不敏感，反正手机一“刷”，钱就过去了，感觉不痛不痒。所以，生活中我们还是尽量使用现金。

使用现金消费可以让我们克制过度消费的欲望。

使用现金支付可以更加直观地感受到钱的流动，这对养成节俭的习惯、更好地控制开支非常重要。

电子支付虽然给我们的生活带来了极大便利，但也伴随着个人信息泄露的风险。每一次消费行为都会在数据库中留下我们的消费习惯、财务状况甚至是工作生活轨迹。现金支付可以大大降低这一风险，避免自己的隐私被人窥探。

第19节

捡到的财物属于自己吗？

我们都知道拾金不昧是高尚的道德品质，但如果找不到失主，捡到的钱可以属于自己吗？

捡到的钱可不可以归自己所有呢？

如果捡到的钱数额较大，拒不归还的话，属于违法行为，严重的可能构成犯罪。法律规定，**捡到他人遗失的财物，不仅要及时归还，更要妥善保管。**若保管不当，失主有权要求拾得人承担责任。当捡到的钱财达到一定数额时，就构成了刑法上的侵占罪。恶意占有遗失物或者将代为保管的他人财物占为己有，可能要承担刑事责任。

不管多少钱，只要有可能找到失主，我们就只是暂时保管者，应该妥善地替失主保管好东西，直到安全归还。哪怕是 10 元钱，只要认为能找到失主，也不应该自己拿起来——相信你已经理解这种区别，以后遇到类似的事就很好处理了。

我知道怎么做

拾金不昧是我们每个人该坚守的品质，但是小朋友们知道吗？把丢失的钱还给失主也是有学问的：

一、要看看遗失的钱包里有没有证件，能不能确认失主身份，也可以在网上发布失物招领信息。如果还是不能联系上失主，就把钱送到当地的派出所或者公安局。

二、当失主联系你时，不能马上就给，要防止钱被冒领。要让联系人说出钱的多少、钱包颜色、有无证件等信息，核实无误后在家长的陪同下还给对方。

三、捡到东西要第一时间告诉家长，如果有违禁物品，要第一时间上报公安部门。

四、如果是在一个比较固定的场所捡到失物，比如商店、公园等，小朋友也可以在原地等待一段时间，看失主是否回来寻找。

五. 失物招领首先要保障自己的安全，不要轻易相信陌生人说的话，不要轻易透露个人信息。

第 20 节

得到意外之财该如何处置？

你有没有获得过意外之财，比如彩票中奖、得到一笔奖学金、过年得到长辈的压岁钱？你是怎么处置这些意外之财的呢？

如何面对意外之财？

意外之财通常指的是意料之外获得的财富或收入，它不是通过常规的工作、投资或储蓄获得的，而是突然、不可预测地出现的额外财富。

对于人们来说，获得意外之财的方式多种多样。有些人通过投资、股票交易、房地产等途径获得了丰厚的收益；有些人则通过中彩票、奖券等方式一夜暴富；还有些人通过继承财产或得到意外赠品等途径获得了意外的收入。

对于大多数人来说，意外之财是小概率事件，不能对其有所期待。但即便真的好运降临得到意外之财，我们也应该保持理性和冷静，不要失去理智和判断力。我们应该理性地规划和管理自己的财务，通过合法的途径创造财富，并保持积极的心态和努力奋斗的精神。

我知道怎么做

当面对意外之财时，我们要保持冷静和理智，采取合适的应对措施，让财富成为我们生活的助力而不是负担。处理意外之财的正确方式：

首先，我们要保持冷静和理性，不要被突如其来的财富冲昏头脑。财富固然可以为我们带来物质上的满足和安全感，但它不应成为我们生活的唯一追求。不应将财富作为衡量幸福的唯一标准，而是要注重身心健康、家庭和谐等更为重要的方面。

其次，可以适当地改善生活，但是不可奢侈，因为意外之财不可持续。由俭入奢易，由奢入俭难，如果我们习惯奢侈的生活，终将会使自己背负不可承受的负担。

最后，可以利用意外之财做些好事，适当地帮助身边人或做慈善等。或许以后当你在遇到事情的时候，别人也会热心帮你。

第21节

遇到疯狂打折的商品，到底要不要买？

很多人都喜欢在“双十一”“618”等商品折扣比较大的日子进行大采购，也有人认为打折的商品质量不佳，你是怎么看待购买打折商品的呢?

学会辨别打折商品

能用更低廉的价格买到商品，当然是消费者的首选，但前提是质量不变。所以消费者在购买打折商品时，要小心以下消费陷阱：

抬高原价，明降暗升： 有的商家会先提高商品售价，然后参与促销活动，致使折后价格实际上是原销售价格，甚至高于原销售价格。

返送礼券，诸多限制： 商店促销时总喜欢打出“满 200 送 100”“满 500 送 300”之类的宣传，但对购买的商品增加了限制，比如只能购买指定商品。

库存过久，质保缩水： 很多商家的打折行为属于清理库存，所以我们要确定商品没有过保质期，尤其是食品。还有的商家规定打折商品一经售出概不退换，这也需要消费者提前了解清楚。

模糊销售： 采用价外馈赠方式销售商品或服务时，没有如实标注馈赠物品的品名、数量，或把假冒伪劣商品作为馈赠品。例如，“买一送一”的广告中，顾客获得的赠品与预期不符。

我知道怎么做

随着市场的日趋成熟，各大电商平台和实体商家都会推出打折促销、优惠活动。我们在选购打折商品时，要注意这些事项：

一、注意优惠时间：优惠活动常常有时间限制，比如某节日或者品牌和商场活动。所以我们需要随时留心，不要错过优惠时间。

二、比较价格：消费者眼里往往只看到折扣数字，但是对原价或市场价不甚了解。所以我们一定要对比一下同产品在不同店铺中的价格，寻求最优惠价格。

三、注意优惠规则：有的优惠活动会有一些条件限制，比如消费满减等。

四、注意品质：有的商家会把低质量或临近过期的产品拿来打折处理，这就需要我们注意产品质量。

五、注意售后：有的商家会因为利润微薄不愿意提供售后服务，所以购买商品时一定要了解售后服务的条款与规则。

第22节

价格是怎么形成的?

小朋友们知道价格是怎么形成的吗?商家如果把商品价格提高,是不是就意味着能赚更多钱呢?

价格可以随意标定吗？

任何产品的定价都是五大因素综合作用的结果。

价值因素：商品价值是决定价格的第一要素，其中包含了耗费的生产资料费用、人工费用和劳动者创造的剩余价值即利润（含税金）三个部分。

供需关系：需求越多、生产越少的商品价格越会走高；生产越多、需求越少的商品价格越会走低。比如中秋前的月饼很贵，节一过完，月饼价格就会大幅缩水。

市场环境：通常市场中同类竞争越激烈的商品越要降价，而没有竞品的商品则会价格坚挺。

信息因素：价格高低还和买卖双方的信息差有关。比如小商贩给你报价，双方开始讨价还价。最终每个人买到这件物品的价格，可能是不一样的。

国家政策：国家会依靠宏观调控的手段影响民生资源的价格，比如粮食统购统销以及房地产调控。

我知道怎么做

我们很多人对价格不敏感，不知道这件商品的售价是贵还是便宜。对商品价格不敏感，我们可以用这几种办法调整：

一、每次与家长去超市，都要先做一个前期约定，多了解各种品类商品的价格。购物回来以后，我们可以帮家长整理账单，对消费分类并记账。

二、参与家庭的预算，做预算之前要了解东西的价格，多做比较。比如今天想吃羊排，我们就自己去手机 App 上了解不同超市羊排的价格，制定预算。

三、尽量多用现金付款，太频繁的电子支付会让我们对价格的感知力越来越弱。

第 23 节

同样的商品，为什么价格不一样？

小朋友们已经了解了价格是受成本、价值等诸多要素影响的，那么完全相同的商品，为什么会有价格差异呢？

同一商品价格出现不同的原因有哪些？

商家的定价策略不同： 有些商家采用低价策略以吸引消费者，而有些商家则采用高价策略以获取更高利润。

货源渠道不同： 一手货源的商家价格较低，而二手或经过多次转手的货源价格较高。

地区生产成本不同： 不同地区的生产成本与物流成本不同，导致商品价格出现差异。

营销费用的差异： 所谓培训费、会务费、招待费等，供应商的财务会一股脑儿地划进销售成本。

我知道怎么做

了解了商品的定价策略，小朋友应该怎样才能找到同一产品中价格最低廉的呢？

一、确定商品质量。我们探讨寻求优惠价格，是以同一商品为前提的。以次充好、假冒伪劣的商品不在我们的讨论范围。很多商品样子看着和正品差不多，价格也便宜，但是质量很差。也有那种所谓的“高仿”品，看起来和正品差不多，让消费者难辨真伪。这是我们需要首先注意的。

二、利用比价工具。市面上有许多比价工具，这些工具可以自动抓取各大电商平台的商品价格，帮助你快速找到最低价。

三、关注促销活动。各大电商平台经常会推出各种促销活动，在这些活动期间，许多商品都会有大幅度降价。关注这些活动可以帮助你买到更多优惠的商品。

第24节

如何支配手里的零花钱？

小朋友，当你拥有一笔零花钱后，是不是想买什么就买什么？你觉得这样支配零花钱合理吗？

为什么零花钱要有规划地消费？

零花钱并不能随意消费，而是要进行规划管理，这会给我们带来多重益处。

培养自我管理能力：合理规划零花钱是自我管理能力和价值观的体现。能够帮助我们培养财务意识，在面对未来更多的经济挑战时，具备更好的应对能力。

增强自信心：当我们按照计划完成学习任务时，会产生成就感和自信心，同样，当我们能够执行零花钱的规划时，也会建立积极的自我认知和自我效能感。

提高解决问题的能力：在制订和执行计划的过程中，我们需要面对各种问题和挑战，这有助于培养我们的分析和解决问题的能力。

增强适应性和竞争力：在快速变化的社会中，规划能力强的人更能够适应新环境和新挑战，保持竞争力。

我知道怎么做

零花钱不仅仅是我们手中可支配的小额资金，更是培养我们财商、理财能力的重要工具。学习正确、合理使用零花钱，可以这样做：

一、设定合理的零花钱额度

家长应该根据孩子的年龄、需求和家庭经济状况，设定一个合理的零花钱额度。这个额度既能满足孩子的基本需求，又不会过于宽裕而导致孩子乱花钱。

二、制订消费计划

根据自己的需求和实际情况，合理安排消费，避免盲目消费和冲动购物。

三、培养储蓄意识

将部分零花钱存入储蓄罐或银行账户，培养储蓄意识。

四、关注价值而非价格

学会在购物时权衡利弊，选择性价比高的商品。

妈妈，我的存钱罐要满了，可以存到我的账户里了。

第 25 节

如何养成储蓄的好习惯?

储蓄是一个重要的财务管理技能，它不仅能够帮助你在紧急情况下有备无患，还能为未来的大额开支和投资计划提供支持。在这个消费主义盛行的时代，养成良好的储蓄习惯显得尤为重要。

储蓄的意义

储蓄能给我们的人生带来很多好处：

安全感： 无论是紧急情况还是突发琐事，如果我们有足够的存款，就能相对从容地应对。

更好地规划未来： 存款是未来规划的坚实基础，很多对未来的畅想都需要一定的经济基础，否则很可能沦为镜花水月。

更加自由： 人生中很多决策比如更换工作、出门旅游等都与你的储蓄相关。有了存款，你就能更轻松地做出一些改变，享受生活的多样性，也相对更加自由。

消费更合理： 有了存钱的习惯，会让你认真计划花出去的每一笔钱，也会帮助你更理性地消费。

更加自律： 存钱是一场与欲望的较量。能够坚持存钱的人必定是自律的人，这也是走向成功的基本素质。

我知道怎么做

了解了储蓄的意义，那具体我们应该怎么做呢？下面就教给小朋友们一些储蓄的方法作为参考：

1. 列出清晰可实现的目标计划，了解自己平时的收支状况，结合自身实际情况把目标量化，才能最终实现。

2. 定期进行财务复盘，分析我们平时的花销是否合理，有无改进的余地。

3. 保障一定比例的强制储蓄，如果手头宽裕，可以多存一些，但一定要保证最低 10% 的存储比例，剩下的钱用于日常花销。

4. 每天将零钱存入一个专用的储蓄罐或账户中。这些零钱在长期内可以累积成一笔可观的储蓄。

第26节

怎样做个理财小能手？

花钱容易挣钱难，所以我们要理性消费，规划好我们的资金，把钱花在刀刃上，做个理财小能手。

理财包括哪些方式？

理财是指通过对财务进行管理，实现财产的保值或增值。理财的方式主要有两类：货币储蓄和投资。

储蓄是指将钱存入银行或其他金融机构，以保障本金的安全，并期望获得一定的利息收益。

投资是指投入一定的资金，期望在未来获得收益。这种方式的目的在于增值，但其未来收益具有不确定性。最普遍的投资产品包括股票、基金、债券、期货等。需要注意的是，这种理财需要能够补偿投资资金被占用的时间和预期的通货膨胀率。

但是，投资是有风险的，想要获得高收益，就必须承担相应的风险。

投资金融产品风险等级一般记作 R1 至 R5，等级越高，预期收益越高，风险也越高。

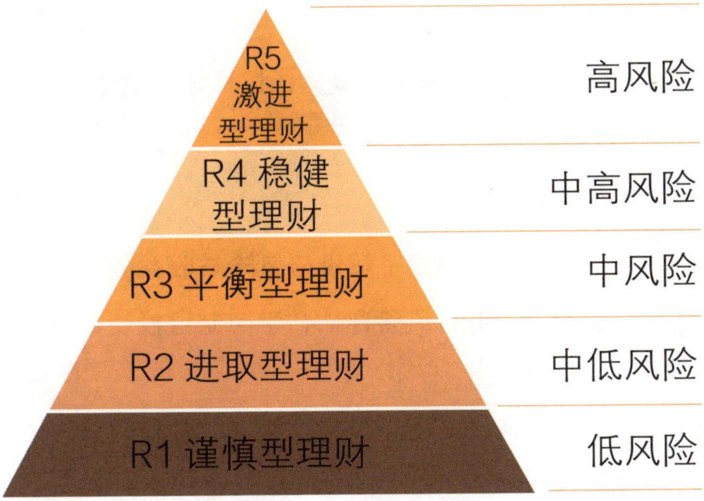

我知道怎么做

我们虽然还没到可以使用大笔资金的年龄，但也应当从小树立理财观念、培养理财思维，为今后理财做些准备：

1. 了解金融知识，提高金融素养。如今学习金融知识的方法和渠道非常多样化，例如可以购买金融类书籍、阅读金融类文章等。

2. 我们也要对社会上主要的投资渠道有所了解，不光是金融理财，其实购置房产、艺术品、珠宝等都是不同的理财方式。

3. 我们需要了解资产负债的概念，这样才能清楚地掌握资产状况并进行分析。

4. 我们要了解投资风险与收益的平衡，学会对自己的行为进行风险评估，学习制订投资计划。

第 27 节

钱真的可以生钱吗?

小朋友们都知道钱是用来消费的，这样我们手里的钱就会越花越少，可很多人却能用钱不断生钱，手中的钱不减反增，这是怎么回事呢?

钱是怎么生钱的？

我们把闲置的资金存入银行，获取利息，这是最简单的钱生钱的方式，获利多少取决于银行的存款利率。

以银行存款为例，假设银行以 10% 的年利率支付利息，张三存进银行 50 万元，一年后张三的这笔钱就赚取了 5 万元利息。

其实，**钱之所以能生钱，不是天上掉馅饼，而是钱被投入到实体经济，创造了社会财富，实现了价值的增值。**

当张三把 50 万元存到银行后，银行便把钱贷给急需用钱去发展自己的企业的李四手里，1 年后，李四连本带利还给银行 60 万元。

李四用从银行借的钱让企业运转起来，产品卖出去之后，赚的钱除了还银行本金 50 万元和支付利息 10 万元后，还可以小赚 5 万元。

可见，张三的银行存款之所以能产生收益，是因为这笔钱被银行借给了李四，借助李四的企业，这笔钱进入了实体经济，完成了钱的流通，实现了增值。

任何债务，都是要支付利息的。只不过你换回了“资产”，是资产的升值，覆盖了利息的亏损，所以钱生了钱。

我知道怎么做

小朋友们可支配的大都是自己的零花钱，很难进行钱生钱的资本投资。但是我们仍然可以做投资，投资自己。

对我们现在的年龄来说，学习就是最大的投资。我们可以把自己可支配的钱用于购买书籍丰富知识，也可以用来参加有意义的活动开阔眼界。我们可以投资自己的大脑，学习更多可以提升综合素养的技能，培养我们对人事物的觉察力、观察力和分析力。

钱财是身外物，总是有得有失。但唯有自身的修养和能力才真正属于自己，别人怎么都抢不走。所以小朋友们，你们知道现在该怎么做了吗?

第28节

钱是万能的吗？

我们生活中绝大部分物质需求都可以用钱来满足，那么还有用钱做不到的事情吗？

金钱并非万能，不能凌驾于万物之上

金钱虽然非常重要，但世界上还有很多值得珍惜和敬畏的东西。金钱并不能换来你想要的所有东西，比如，金钱换不来真正的亲情，金钱换不来真正的爱情，金钱换不来真正的友情，金钱换不来健康的身体，所以我们不能依赖金钱。

家庭的爱、健康的身体、真挚的友谊、丰富的精神生活……这些才是人生中最宝贵的财富。

我们需要明白两个道理：

第一，比金钱更重要的东西还有很多；

第二，即使不富有，依然可以享受很多快乐。

我知道怎么做

钱不是万能的，但没有钱是万万不能的。我们如何与钱相处呢？

树立正确的金钱观念

金钱只是一种工具，它可以帮助我们实现自己的目标和愿望。但是，千万不要将金钱视为衡量个人价值或者幸福感的唯一标准。

不要让金钱成为我们唯一追求的目标

过度追求金钱会让我们迷失方向，忽略其他重要的价值和人际关系。我们要学会平衡金钱与其他人、事、物之间的关系，懂得享受与家人、朋友温馨相处的时光，在自己的经济能力范围内选择合适的兴趣爱好，让生活更有满足感和幸福感。不为了金钱和利益牺牲健康、尊严，做出违背道德和良知的事情。

第 29 节

只有钱才是财富吗?

很多人一谈到财富，第一个就会想到钱。但金钱并不能完全代表财富，金钱只是财富的一种。

有形财富和无形财富

关于财富，我们有两种不同的定义：有形财富和无形财富。

有形财富是指货币或者可以直接变现货币的资产，比如房子、车子、存款等，这就是一般意义上的“有钱”，能让我们吃得好，住得好，生活得更好，这些属于物质财富。

无形的财富种类很多，比如人格特质、品格发展、人际关系、诚信（品牌、商誉）、健康、时间观念、心灵智能、有用的知识、正面思考及爱心等，看似与金钱无关，却是滋养我们有形财富的土壤。

我知道怎么做

每个小朋友都需要树立正确健康的财富观，要明白这些道理：

1. 金钱是用来满足需求和创造价值的工具，而不是用来攀比和炫耀的资本。

2. 拥有金钱多少并不是衡量一个人成功与否的唯一标准，人生中有很多有意义的事同样重要。

3. 财富有很多种，不仅仅是金钱，人生中许多正向的特质和价值都属于财富。

4. 外界的财富带来快乐，内在的财富带来恒久的喜悦。只要我们拥有内在财富，我们本身就是财富！

不是只有钱才是财富。抛开金钱不谈，其实你已经很富有了。

第30节

节俭就是不花钱吗？

节俭是一种金钱管理方式，其核心理念在于减少不必要的开支，并不等同于不花钱，而是在消费时要有节制，避免浪费。

节俭与不花钱的区别

不花钱意味着完全停止消费，这在我们的生活中是不可行的，因为生活中，我们总会有各种各样的需求出现。而节俭则是在保证基本生活品质的前提下控制消费，它允许人们在必要时进行消费，但强调的是理性与适度。例如，购买衣物时不盲目追求名牌，而是选择质量好、设计经典、舒适度高的衣物。

所以，节俭不是不花钱，而是把钱花在“刀刃”上，不做无意义的浪费。它倡导理性消费，鼓励人们追求更加充实和有意义的生活体验。通过实践节俭的原则，人们可以在满足基本需求的同时，积累财富，为未来提供保障。

我知道怎么做

省钱与消费是人们永远绕不开的两件事，小朋友在日常生活中要了解自己的正常需求和无意义浪费。我们不抗拒消费，但要让每次消费物有所值。所以杜绝浪费最好的方法是养成良好的消费习惯：

1. 理性消费，杜绝挥霍浪费，不与他人比较。
2. 学会辨别广告与真实的差别，不被无良商家蒙蔽。
3. 培养对品牌、价格、质量方面的认知，学会理性选择。
4. 总结购物经验，分析哪些是必需品，哪些是可选品。
5. 定期清理自己不需要的物品，进行捐赠或回收，培养慈善意识。

节俭不仅仅是一种财务管理策略，它也是一种生活哲学。它教导人们珍惜资源，尊重劳动成果，并通过简约的生活方式减少对环境的负担。节俭的生活态度还包括了自我满足和幸福感的内在寻求，而不是通过物质的消费来获得短暂的快乐。

第31节

什么是贷款？

随着社会的发展，越来越多的超前消费开始出现。手里没有足够的钱，也能买到想要的东西。大到房子、汽车，小到手机、电器，都可以提前购买、分期付款。

贷款是什么？

贷款是一种借贷关系，会涉及两方：借款人（或企业）和贷款机构（如银行或金融机构）。借款人向贷款机构借贷资金，用于满足自己的需求，如购房、购车、创业等。双方约定在某一个时间点，借款人按照协议偿还本金并支付利息。

贷款可以缓解资金压力。当面临资金短缺时，贷款可以提供资金支持，有效缓解短期资金压力。比较常见的如贷款买房，通过贷款先购置房产，再分期还款，就不会因资金不足而耽误买房，还能提前享受更好的生活品质。

所以贷款是先消费后还款的行为，而绝非不花钱买东西。贷款的前提是借款人有稳定的收入可以偿还贷款。

我知道怎么做

贷款可以满足个人需求，但同时也存在风险，这是我们需要规避的。

1. 增加未来负担

贷款金额如果超出个人和家庭的还款能力，有可能因逾期影响个人信用记录。

2. 过度借贷

年轻人可能为了追求虚荣或盲目攀比，过度借贷购买奢侈品，导致难以偿还甚至陷入“以贷养贷”的恶性循环。

3. 脱离需求

由于付款可以延后，会造成一些人对消费越来越不谨慎。很多购买行为都是出于一时兴起，而不是真正的需求。

小朋友不妨和爸爸妈妈做一次“分期消费”，用未来的零花钱分期偿还。

第 32 节

压岁钱该不该由自己支配?

过年的时候，小朋友最期待的就是能够收到长辈给的压岁钱，但是，大多数的爸爸妈妈通常会说："你还太小，压岁钱先由爸爸妈妈为你保管。"你是不是也经历过这样的事?

压岁钱到底算谁的？

8 岁以下的孩子的压岁钱，父母可以代为保管。8 岁以上的，孩子是有权利保管和支配压岁钱的。虽然父母可以暂时保管，但父母绝不能据为己有，也不能单纯用来为自己消费。

说白了，**压岁钱就该归属于孩子。**

但是爸爸妈妈还是为此头疼：

真把支配压岁钱的权利给了孩子，他乱花怎么办？

万一他拿去充值游戏，打赏主播……那钱不就打水漂了？

父母如此的担心并不多余。压岁钱虽然是孩子的财产，但很多孩子确实没有独立支配钱财的能力，可能一不小心就挥霍掉了。所以，我们需要对压岁钱进行合理规划。

我知道怎么做

压岁钱到底应该如何处理比较好呢?

1. 50% 存到银行

父母可以为孩子开设一个专属账户，将 50% 的压岁钱存进银行。这不但可以从小培养孩子的储蓄观念，而且这笔钱越攒越多，等孩子长大了，也是一笔不小的财富。

2. 10% 作为学习的开支

孩子在学习中可能会用到很多文具以及书本，可以将 10% 的压岁钱用来买这些用品。让孩子明白，自己用的东西，可以自己买。对于自己买的东西，他会格外珍惜。

3. 20% 建立一个小图书馆

阅读对于孩子来说至关重要。所以，我们可以用压岁钱的 20% 给孩子置办一个小小图书馆，让孩子自己选购图书，培养孩子读书的兴趣。

4. 10% 做个活期“储蓄罐”

在生活中，孩子也有很多用到钱的地方，比如给朋友的礼物、给长辈买些小礼品……10% 的压岁钱可以用在这些开销上，这可以从小培养孩子的爱心和学会分享的意识，让孩子明白金钱的意义。

5. 10% 自由支配

剩下的 10%，无论是买他喜欢的零食，还是喜欢的玩具，都可以让孩子有一点自由支配的空间，这样他才能更加有动力去分配压岁钱。

具体如何分配，都要和孩子商议决定，父母切不可专制独裁。如果约定好了，就一定要说到做到。这不仅能引导孩子存钱，让钱助力孩子的成长和兴趣，也能锻炼孩子的自控能力和责任感。

第33节

什么东西属于刚需？

在现代快节奏的生活中，我们常常听到关于"刚需"的讨论，这个词似乎已经成了日常经济和消费的一部分。大人总是喜欢说“XX是刚需”“XX不是刚需”，你能搞清什么东西是刚需吗?

什么是刚需？

所谓的刚需，即是刚性需求的简称，字面意思即是：现在刚刚好有这个需求，不是以前有，也不是以后有，而是现在必须要解决的需求。它不以个人的兴趣爱好为转移。比如我们的衣、食、住、用、行等，这些都是刚需。

人们还有许多需求是经济之外的，但同样不可或缺。比如安全上的需要，每一个在现实中生活的人，都会产生安全感的欲望、自由的欲望、防御的实力的欲望。再比如社交需求以及被尊重的需求，这些精神需求同样属于我们的“刚需”。

我知道怎么做

每次买东西时要理性，不是当下的刚需用品，就不要冲动消费。这样，消费就会越来越理性。

如果这个月买了一些不必要的物品，导致入不敷出，出现财政赤字，下个月就要更加节俭，把多花掉的部分省回来。但有些是刚需，像文具、书本，这些是不能省的，我们要学会估算每样物品的费用，控制在一个合理的消费水平。

合理就是，不过于节衣缩食使生活品质下降，也不铺张浪费、过度消费、出现财政困难，这样才能让家庭处于一个平衡良好的财政状态。

第34节

小孩子可不可以借钱？

在现代经济中，借贷离我们的生活并不遥远。每个家庭大到房贷、车贷，小到信用卡消费，可能都多多少少与借贷相关。既然这都是正常的经济行为，那么小孩子可以借贷吗？

借钱的学问

申请贷款是有年龄限制的，年龄偏大、偏小都不能贷款。一般来说，大多数银行和贷款机构对贷款申请人的年龄有一定的要求，通常在 18 岁至 65 岁之间。根据《中华人民共和国民法典》和相关贷款政策，借款人必须年满 18 周岁，并具备完全民事行为能力，才能合法地签订借款合同并承担相应的法律责任。

不过也有贷款机构把年龄下限设置为 22 周岁，这是考虑到不少人年满 18 周岁但仍然在上学，自身并没有还款能力，这么做也是为了避免学生贷款。

借款人需要提供有效的身份证明，如身份证、户口本等。

借款人应具备良好的信用记录，借款人的个人信用记录是银行审批贷款的重要依据。

贷款人要有稳定的收入，收入越高且越稳定，贷款风险越低。

我知道怎么做

当遇到同学间借钱时，该怎么做?

借钱跟“信任感”有关，借钱通常是借给熟悉的人，而且是你觉得可以相信的人，否则借出去的钱很有可能要不回来。

问问同学借钱的用途。你必须意识到，借钱给他不一定能解决他的问题，很可能会使事情变得更糟。例如，他借钱不是真的急用，而是拿来给游戏充值买装备。

问清楚借钱的同学打算用什么钱来归还，什么时间还。比如他是不是每月都有固定的零用钱。要学会在借钱的同时约定好还钱的时间，如果同学因为疏忽大意没有按约定的时间还钱，忘了还钱，可以用温和的态度和有礼貌的言语做一些善意的提醒。

假如，经过你的善意提醒，对方依然无动于衷，一而再地推脱或者回避，那么，你可以判断，对方是个不讲诚信的人，你曾经把他当成好朋友，借钱帮助他渡过难关，你已经做了你该做的。而现在，你只需要勇敢且理直气壮地要回属于你自己的东西。

当遇到同学以友谊来威胁，说“不借钱给我就不跟你交朋友”的时候，应果断并坚决地拒绝他。他把友谊当成交易来买卖，不是真正值得交往的朋友。**友情是无价的，不能用金钱来衡量。**

第 35 节

什么是债务？

说起债务，我们首先想到的是房贷、车贷或者个人的借款，但其实债务是整个社会经济活动中重要的一环。例如甲借给乙 1000 元钱，甲对乙享有 1000 元的债权，甲被称为债权人。乙对甲负有偿还 1000 元的债务，被称为债务人。

债务是怎么产生的？

在经济活动中，经济主体对货币的需求和供给绝大部分时间是不平衡的。经济主体包括个人、企业和政府。比如个人，需要使用的钱不可能每时每刻正好等于自己拥有的钱，那么就需要借贷。企业、政府也是如此。

当经济主体的货币需求超过自身的供给能力时，就需要其他经济主体向其转移货币所有权。反之，经济主体货币供给过剩时，就把过剩的货币转移给其他经济主体获取补偿。这就产生了债务。

依据举债方的不同，我们可以把债务分成三种类型：个人债务、企业债务和政府债务。

个人债务就是普通消费者产生的借贷，比如房屋贷款、汽车贷款和信用卡债务等。

企业债务是企业因资金周转困难，不能维持正常的生产经营活动所需要的流动资金或为偿还某项到期债务而向外单位借入的各种借款。

政府债务是政府为了筹集资金，用于国内建设、社会福利项目或应对紧急情况而发行的债券或贷款。政府债务依据政府层级不同可以分为国债和地方性债务。

我知道怎么做

了解了债务的内涵，小朋友应该学会如何正确地认识债务。生活刚需产生的合理债务是现代经济的必然产物，但是不切合现实能力的举债会让自己陷入困境。所以小朋友需要建立正确健康的债务观。

1 债务不仅是负债，还包括金钱借贷和信用使用等方面。债务是一种责任，面对债务需要一种负责任的人生态度。

2 要懂得如何避免不必要的债务。这包括学会制定预算、理性消费和储蓄。懂得思考购买决策的后果，寻找更经济实惠的选择。

3 了解一些基本的金融工具和理财方法。例如储蓄账户、债券、股票等投资方式，懂得风险和回报之间的平衡。这将帮助自己在未来更好地管理自己的财务。

4 懂得诚信，答应别人的事，就一定要做到，这样才会建立一种健康良好的生活环境。所有复杂的借贷关系，都是以诚信为根基的。

第 36 节

什么是征信？

个人征信是一种专业化的信用信息服务，它详细记录并反映了我们每个人的信用状况，以及在经济活动中的信用表现。一份良好的个人征信报告能为申请者在贷款时加分。贷款机构在审核申请者的信用状况时，一般会参考个人的信用记录，包括历史信用、债务状况、还款能力等。如果个人信用记录良好，那么申请贷款的成功率将大大提高。

什么是征信报告？

金融信用信息基础数据库（简称“征信系统”）是由国家依法设立的，专门用于采集、整理、保存、加工个人和企事业单位等组织的信用信息，并向信息使用者提供的信用信息服务系统。简而言之，它就像是一个大数据库，记录着每个人的基本信息、信贷记录、逾期情况等信息，是商业银行等金融机构评估个人信用的重要参考。个人征信报告是征信系统出具的记载个人信用信息的记录，它包含了个人过去的信用行为，这些行为体现在个人征信报告中，就是人们常说的“信用记录”。

征信报告不仅是金融生活的通行证，更是个人品格的试金石。让我们从现在做起，珍惜自己的信用记录，为未来的精彩人生奠定坚实的基石。

我知道怎么做

信用是整个社会经济运转的中轴，小朋友们要从小树立诚信为本的准则，对家庭、学校、同学诚信，长大对社会诚信。诚实守信会为我们的成长带来很多好处。

1. 建立信任

当我们表现出诚实和守信的行为时，能够赢得他人的信任和尊重。

2. 培养责任感

当我们遵守承诺、信守承诺时，才能学会对自己的行为负责，并理解自己的行动对他人和社会的影响。

3. 培养道德价值观

诚实守信有助于培养我们的道德价值观。这让我们建立起正直、公正和诚实的行为准则。

4. 培养良好的人际关系

诚实守信是建立良好人际关系的关键。

5. 培养自尊和自信

当我们坚持自己的价值观并诚实地面对自己的行为时，我们会更加自信，并且更容易获得他人的尊重和认可。

不要随意泄露个人身份证、银行卡等敏感信息，以防被不法分子利用进行冒名贷款或诈骗，影响自己的征信。

第37节

有很多钱就一定幸福快乐吗？

许多人将财富视为幸福的代名词，仿佛拥有了无尽的金钱就能够拥抱幸福的生活。然而，事实真的如此吗？当我们深入思考幸福的本质后就会发现，钱多并不一定意味着幸福和快乐。

金钱与幸福的关系

不可否认，金钱能够为我们带来丰富的物质享受。它可以让我们住进豪华的别墅，驾驶昂贵的汽车，穿上名牌的服饰，品尝世界各地的美食。当我们的物质欲望能够被轻易满足时，确实会在短期内给我们带来愉悦感和满足感。

但是，这种物质带来的满足感往往是短暂且易逝的。新的物品带来的新鲜感会随着时间的推移逐渐消退，而我们又会被新的欲望所驱使，陷入不断追求更多物质的循环中。而且，当物质追求成为生活的主要目标时，我们很容易忽略掉那些真正重要的东西，比如健康、亲情、友情和内心的宁静。

巨额财富并不一定能充实我们的内心世界。在追逐金钱的过程中，人们可能会牺牲大量的时间和精力，从而无暇顾及自己的精神需求。他们可能因为忙于工作而忽略了与家人的相处，导致家庭关系疏远；也可能因为过度关注利益得失而失去了真正的朋友，陷入人际关系的困境。同时，缺乏精神追求的生活容易让人感到迷茫和无意义。没有了对知识的渴望、对艺术的欣赏、对美好品德的追求，人生就如同失去了方向的船只，在茫茫大海中漂泊，即使拥有再多的财富，也无法找到真正的幸福港湾。

我知道怎么做

金钱在一定程度上能够改善我们的生活条件，但它绝不是幸福的唯一决定因素，甚至在很多情况下，过多的财富可能会给我们带来一系列的问题和困扰，阻碍我们追求真正的幸福。因此，我们应该正确看待金钱与幸福的关系，在追求物质财富的同时，不忘关注自己的内心世界，珍惜身边的人，培养健康的兴趣爱好，努力追求一个物质与精神平衡、充满真挚情感和意义的幸福人生。

第 38 节

花钱也有学问吗？

在我们的意识里，赚钱是辛苦劳累的事，花钱是轻松快乐的事，但真正能做到理性地花钱并非易事。有的人花钱大手大脚，有的人平时一毛不拔，这都不是正确的消费观。

花钱的学问

消费才能推动社会富裕

中国古代的致富之道讲究的是开源节流。因此在很多人的观念中，会过日子就意味着多赚钱、少花钱、能聚财。但是，现代的经济学告诉我们，钱只有在社会中流动起来，经济才能发展，人们才能富裕。

一味地省钱会导致“认知失调”

一味地省钱，实际上是在遏制内心的欲望。“我想买”和“我没有钱买”这二者的矛盾便会让我们内心十分纠结，从而导致“认知失调”。

这会产生两种后果，一种是一旦获得大量的“横财”，便会大手大脚地花掉。甚至没有钱时，也要想尽办法获得钱，哪怕是不义之财。另一种是接受了“我没钱买”的事实，削弱了内心的欲望，但同时削弱的还有“赚钱的动力”。

我知道怎么做

怎样才算“会花钱”？“会花钱”有一个很简单的衡量标准：花出去的钱能不能创造更大的价值。

1. 满足真正的需求，而不是满足虚荣心

花钱要充分考虑自己和他人的需求，满足真正的需求才能创造价值。

比如，让两个孩子花钱请小朋友吃东西。其中 A 很大方，花了 100 块钱请一堆小朋友吃烤肠，他觉得这样可以拉拢人心。而 B 选择在和同学踢完球后花 10 块钱给每人买了一瓶矿泉水。你觉得哪个孩子更会花钱？

很显然，B 更会花钱。踢完球，大家又累又渴，他用 10 块钱解决了大家的迫切需求，还赢得了众人的好感。而 A 花更多的钱，只是为了满足自己的虚荣心和错误的交友认知，实际上并不一定能赢得大家的认可，自然也算不上创造什么价值。

2. 设置“冷静期”，控制冲动型消费

买东西之前，我们可以根据预算或者需求列一个采购清单。这样

可以避免购物时的非理性消费。在我们还不具备独立养活自己的能力之前，吃穿用度应多考虑质量和性价比。

如果真的碰到特别想买的东西，不妨先让自己思考这几点：

（1）这件东西是不是当下必须要买？

（2）家里有没有这个东西？

（3）是不是超出自己的支付能力？

如果我们经常会出现消费过度、入不敷出的情况，就需要给自己设置“冷静期”。想买一样东西时，不妨先让自己冷静3天。很多人过了冷静期就会发现，已经没那么想要那件东西了。

第39节

如何区分“需要”和“想要”？

小朋友们是否经常会要求父母给自己买这样一些商品——它们并不是我们真正需要的，一旦购买回家，这些商品往往会被我们随手丢到一边，再也不使用。

“需要”与“想要”的关系

在我们的日常生活中，对很多东西有需求，我们将之称为“需要”；也会对很多东西产生欲望，我们称之为“想要”。

我们要能分清“需要”和“想要”的区别，因为这有助于更好地理解自己的需求和价值观，从而培养我们的独立性和判断力。

需要是指个体为了生存、成长和发展所必须满足的基本条件和需求。需要可以分为生理需要和心理需要。生理需要就是食物、水、阳光等维持我们身体健康的条件。而心理需要包括自尊、安全感、归属感等，是我们心理健康的必要条件。

想要是指个体在一定情境下产生的愿望、期望或者欲望。想要通常基于个人的兴趣、爱好、价值观和社会环境等因素。

“我要吃饭”是需要，因为这是必需的生理需求；而“我要吃糖果和冰激凌”则是想要，是源于我们内心的渴望。

所以从主观的角度来看，“需要”这个词的定义变得非常模糊。为了更好地衡量“需要”和“想要”之间的区别，我们应该从客观立场来考量——如果没有某样东西，我们仍然可以生存，仍然可以发挥生命的价值。那么这个东西就是“不需要”的。

对于“需要”我们必须满足，对于“想要”也不能一概否定。因为人只要在一定限度内满足自己的欲望，就是合理的。

我知道怎么做

了解了“需要”和“想要”的意义，小朋友们就可以从这一点出发，建立自己健康的消费习惯。未来我们做任何决策时，都应该注意这些点。

1 在每一次消费之前，都向自己提一个问题：“如果我只能选择一样东西，应该选什么？”这样可以帮助我们认真思考并分辨出自己真正需要的东西。

2 学会权衡利弊，思考购买某件商品会对自己未来产生什么影响。

3 了解价值观的重要性，有些人认为某种东西很重要，而有些人则认为它不重要。这就是因为每个人的价值观与需求不同。

4 学会承担后果，要为自己的决策负责，如果东西买错了，结果也要自己承担。

有时候，“想要”的和“需要”的并没有明显的界限，追求“想要”也并不一定是错误的；但是我们要明白资源（钱、精力、时间）是有限的，在决定满足需要的先后顺序时，要学会权衡和取舍。

第 40 节

单利和复利是怎么回事？

我们可能都听说过这样的事情，有人最早只欠了一点钱，后来因为利滚利，欠的钱越来越多，以致倾家荡产。小朋友们知道这是怎么回事吗？

单利与复利

单利

只有本金能产生利息，利息不计入本金。每年的利息额是固定的。比如银行定期存款。本金 10000 元，年利 5%，则每年利息皆为 500 元。

假设你投资了 10000 元，年利率为 5%，投资期限为 3 年。
每年的利息都是 10000 元 ×5% = 500 元。
3 年后，你总共获得的利息是：
500 元 ×3 年 = 1500 元。

复利

在每经过一个计息期后，都要将所生利息加入本金，以计算下期的利息。上一个计息期的利息都将成为生息的本金，即以利生利，也就是俗称的“利滚利”。年限越长，收益率越高，复利的效果就越明显。

复利的情况下，本金 10000 元，年利 5%。
第 1 年，本金 10000 元，利息 500 元。
第 2 年，本金变为 10500 元，利息变为 525 元。
第 3 年，本金变为 11025 元，利息变为 551.25 元。
3 年后，你的投资总额会超过单利的情况。

时间长了，单利和复利产生的差距越来越大。

我知道怎么做

复利就像一个魔法罐子，你投进了一些钱，它会生出一些钱，原来的钱和生出来的钱都会继续生钱。

现在你可能每天只是写 5 个字，或者只读 5 页书，不要觉得少就可以敷衍了，就是因为它少才要好好地做，有一天你会突然发现你可以又快又好地写 200 个字，或是一下子读完厚厚的一本书了。这就是时间的复利，它悄然地改变了你。你投进一点新的习惯，它也会生出一些新的能力，时间久了，你会发现现在的你已经变成一个完全不同的自己。

成长是遵循复利的原则的，它需要耐心和信心。你要想看到成长的复利，就要知道从小事开始，越早越好。

保持健康的生活方式，拉长自己的生命周期，也是人生最大的复利。毕竟没了健康，其他的都是 0，没有前面的 1，后面再多 0 也没有意义。

第41节

什么是股票？

我们经常听到大人聊股票，有时候涨了，有时候跌了。涨的时候就能赚钱，跌的时候就要赔钱了。那么，什么是股票呢？

什么是股票？

我们举例来说明：

张三和李四共同经营一个煎饼摊。

煎饼摊的生意越来越好，张三和李四决定成立一家煎饼公司，并开放加盟，此时原来的个体户煎饼摊就变成了公司。

王五见煎饼公司很赚钱，想要投钱参与进来；而张三和李四也想开拓市场，但又没有足够的资金，所以同意王五的加入。

可是，这样的话未来公司谁做主呢？利益又该如何分配呢？这时候张三和李四想到了一个方法：将公司的价值分成若干股份，比如这个公司价值 100 万元，分成 100 股，每股 1 万元，如果你想要投钱进来，那购买煎饼公司的股份就好了。

比如，王五投了 30 万元，买了 30 万元煎饼公司的股份，成了煎饼公司的股东之一，此时王五有 30% 的话语权，未来公司赚到钱了，王五也能获得 30% 的分红，当然亏损了王五也要承担相应的损失。

随着公司越来越大，需要用钱的地方越来越多，所以张三和李四决定上市融资，这样就可以引入更多像“王五”这样的人了；而随着人数越来越多，为了方便统计和证明，大家将自己的股份写到一张张纸上，也就变成了如今的股票。

所谓股票，就是一种由股份有限公司签发的用以证明股东所持股份的凭证，它表明股票的持有者对股份公司的部分资本拥有所有权。

我知道怎么做

买股票是一种投资，投资就会有风险。对股票投资要抱有一颗敬畏之心，不要心存侥幸，更不要贪婪。炒股就如同一场人性的考验，贪婪是股民们常见的弱点之一。很多股民追求抄底或逃顶，想实现利益最大化，但真正能做到的人少之又少，反而付出了巨大代价。还有的股民频繁交易，总觉得自己能抓住每一个机会，结果操作越多错得越多。给自己定过高的目标也是贪婪的表现，在媒体上看到别人炒股赚大钱，就给自己也定下不切实际的目标，冒险、冲动，最终离目标越来越远。

第 42 节

怎样存钱最划算？

我们经常听大人讲“经济下行，赚钱更难了”，很多人都开启了存钱计划，为的是在需要用钱的关键时刻不捉襟见肘。可是你知道吗，存钱也是有学问的。

存钱的学问

存钱是有学问的，快把下面的方法学起来吧！

1. 333 存钱法

把每个月到手的工资平均分成 3 份。拿出 1 份存起来，1 份用来生活，剩下的 1 份用来投资理财，也可以作为灵活资金。这种分配能帮助你在不影响生活的情况下，轻松存钱。

要注意顺序不可乱，一定要先存后花。

收入 - 支出 = 积累	容易变成月光族
收入 - 积累 = 支出	很快就走向富足的生活

2. 12 存钱法

12 存钱法，即每月拿出工资的 30%—40% 放进定期存单。每个月存一个固定的金额，比如每月存 1000 元。一年下来就是 12000 元。

第一个月的钱就会在明年的第一个月从定期变活期，第二个月的钱也会在明年的第二个月变活期，这样反复循环，就相当于得到了定期的利率又享有活期的便利。

这样简单明了，根本不需要纠结如何分配，直接存钱就行了。

3. 365 天存钱法

这个方法是从 1 到 365 逐步存钱，第一天存 1 元，第二天存 2 元，以此类推。虽然前期存的钱不多，但坚持一年，你会发现在这一年里，你已经存下了 66795 元。

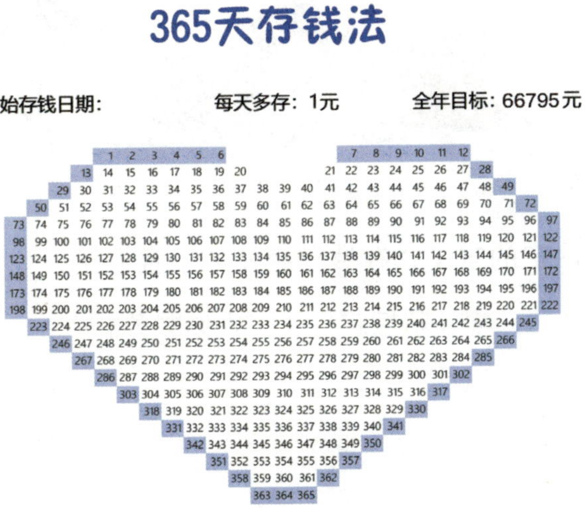

4. 阶梯存钱法

阶梯存钱法就是把一年的存款金额分成等额的 N 份，假如今年你要存 5 万元，可以把它分成 5 份，那么每份就是 1 万。

第一个 1 万元存定期 1 年，第二个 1 万元存定期 2 年，第三个 1 万元存定期 3 年……逐步增加。一年后，把到期的 1 年存单再续存，并改成 5 年定期，第二年过后把 2 年存单也改成 5 年定期，以此类推。

5 年后，你所持有的 5 张存单都会变成 5 年的定期，并且每年都有一张到期，相当于用一年的流动性换来了 5 年的增益。这样逐步增加存款，压力小，更能坚持下去，年终收益可观。

在不确定的当下，存钱已经变成了我们明天生活的保障。钱是有灵性的，学会掌控它，让它为你服务。

我知道怎么做

存钱对于普通人来说有多方面的意义，不仅关系到个人的经济健康，还对全方面的生活保障和心理安全感有重要影响。即使是普通的家庭生活，也可能会有突发情况，比如家人生病需要住院、家里的主要电器突然坏掉或者需要紧急修车，有存款可以第一时间解决这些问题。

存钱对普通人来说，就是在为自己和家庭的未来买一份保障和安心。它不仅能帮助我们应对各种突发情况，减少经济压力，还能实现一些小愿望和计划，甚至提升生活的品质。

存钱不是一时半会儿的事，而是需要长期坚持的小习惯。

第43节

不择手段赚钱不可取

财富的积累不是一朝一夕的事，我们需要从小建立自信和远大的目标，学习如何改变命运，通过自己的双手去创造财富，过上自己想要的生活，而不是面对金钱失去自我，不择手段去获取金钱。

如何在追求财富的道路上勇往直前？

坚定决心和毅力

赚钱并非易事，逆境与挫折是常态。失业、投资失败、被人欺骗等困境可能会让我们感到迷茫和无助。但请记住，这些只是暂时的。拥有坚定的决心和毅力，我们终将走出困境。

突破思维局限

在赚钱的过程中，我们可能会受到认知障碍的影响，无法看到更多的机会。为了打破这种局限，我们需要不断学习、拓宽视野，并培养独立思考的能力。这样，我们才能在竞争激烈的市场中脱颖而出，抓住那些稍纵即逝的赚钱机会。

发挥自己的优势

“三百六十行，行行出状元。”找到自己的专长和兴趣所在是赚钱的关键。因此，我们需要不断地尝试、探索，找到那个能让我们发光发热的领域，并努力成为这个领域的专家。

平衡付出与回报

赚钱需要付出时间、精力和心血，它是一个持续耕耘的过程。在追求财富的过程中，我们要做好耕耘的准备，不断积累经验和资源。同时，我们还要学会平衡付出与收获的关系，不要过分追求短期利益而忽视长期发展。只有坚持不懈地耕耘，我们才能在未来的某一天收获满满的果实。

赚钱需要良知与底线

赚钱固然重要，但如果为了钱而丧失道德和人性，那么最终我们可能会失去更多。因此，在赚钱的道路上，我们要坚守诚信、公正和善良的原则，不做违法乱纪、损害他人利益的事情。

赚钱只是生活的一部分

赚钱并不是生活的全部。在追求财富的过程中，不要因为赚钱而忽视了家庭、朋友和健康。我们要学会在赚钱的同时享受生活中的美好时光。记住，人生不仅仅是为了赚钱，更是为了享受生活的过程和成长的经历。

我知道怎么做

我们常说“君子爱财，取之有道”，这句话是在告诫我们依靠自己勤劳的双手获取合法收入，才是正当的取财之道，永远不要为了金钱而失去自我。

1 财富一定要通过合法手段辛勤劳动获得，对不义之财不能动心。

2 不要成为金钱的奴隶，不盲目崇尚财富，不要认为财富可以取代一切。

3 不要因为父母有钱而大肆炫耀，父母的钱并不是我们炫富的资本。

4 不仇富，不嫉妒有钱人，要思考他人身上有什么可以借鉴的地方。

附 录：

教育家认为，孩子从 3 岁开始就应该接受财商教育。

如果家长不知道该从何下手，下面的时间线可以供大家参考。

3 岁：辨认纸币和硬币。

4 岁：学会用钱买简单的用品，如文具、小食品。

5 岁：明白钱是劳动得到的报酬，并正确进行钱货交换活动。

6 岁：能数较大数目的钱，开始学习攒钱，培养“自己的钱”意识。

7 岁：能看商品价格标签，和手里钱的金额比较，判断自己的购买能力。

8 岁：懂得在银行开户存钱，并想办法自己挣零花钱，如卖旧报获得收入。

9 岁：能够制订简单的一周开销计划，购物时知道比较价格。

10 岁：懂得每周节约一点钱，留着一笔钱开销时使用。

11 岁：学习评价商业广告，从中发现价廉物美的商品，并有打折、优惠的概念。

12 岁：懂得珍惜钱，知道其来之不易，有节约观念。

大于 12 岁：了解股票、债券等投资活动。

孩子拥有正确的金钱观，也能给未来的财商培养打下坚实的基础，从而让孩子受益一生。